Sitzungsberichte
der Akademie der Wissenschaften
der DDR
Mathematik – Naturwissenschaften – Technik

14 N
1980

Zur Entwicklung der Katalyse

Dem Wirken Günther Rienäckers gewidmet

AKADEMIE-VERLAG · BERLIN

Sitzungsberichte
der Akademie der Wissenschaften
der DDR
Mathematik - Naturwissenschaften - Technik

Jahrgang 1980 · Nr. 14/N

Zur Entwicklung der Katalyse

Dem Wirken Günther Rienäckers gewidmet

AKADEMIE-VERLAG · BERLIN
1981

Vorträge gehalten auf dem Festkolloquium am 22. Mai 1979 aus Anlaß des 75. Geburtstages von Günther Rienäcker, Ordentliches Mitglied der Akademie der Wissenschaften der DDR, veranstaltet von der Klasse Chemie, dem ZI für Physikalische Chemie und der Chemischen Gesellschaft der DDR.

Herausgegeben im Auftrage des Präsidenten der Akademie der Wissenschaften der DDR von Vizepräsident Prof. Dr. Heinrich Scheel

Erschienen im Akademie-Verlag, DDR-1080 Berlin, Leipziger Str. 3–4

Lizenznummer: 202 · 100/304/80
Gesamtherstellung: VEB Druckhaus Köthen
Bestellnummer: 762 882 3 (2010/80/14/N) · LSV 1255
Printed in GDR
DDR 3,– M

Inhalt

Gerhard Keil

Laudatio

Hochverehrter Jubilar, lieber Genosse Rienäcker, meine Damen und Herren!

Im dreißigsten Jahr des Bestehens und der erfolgreichen, sozialistischen Entwicklung unserer Republik begehen wir den 75. Geburtstag von Günther Rienäcker. Vielen von uns ein Lehrer, den meisten aber ist er ein liebenswerter, aufmerksamer Freund und Genosse.

Wenn das Zusammenfallen der Daten beider Jubiläen auch ein Zufall ist, so hat es doch symbolische Bedeutung.

Unter den hervorragenden Gelehrten unserer Republik gehört G. Rienäcker zu denen, die als aufrichtige Antifaschisten bereits in den schwersten Nachkriegsjahren für die Schaffung einer antifaschistisch-demokratischen Ordnung wirkten und sich bereits in dieser Zeit und natürlich erst recht in den nachfolgenden Jahren große Verdienste für die Entwicklung des neuen sozialistischen Staates erworben haben.

Unser heutiges Festkolloquium ist also einem Mann gewidmet, der als Wissenschaftler stets eine hohe Verantwortung gegenüber unserer Gesellschaft verstanden und wahrgenommen hat und der zugleich – ungeachtet aller staatlichen und gesellschaftlichen Funktionen – doch immer Chemiker geblieben ist.

Wenn man über den Chemiker Günther Rienäcker sprechen will, so muß man auch über Katalyse sprechen. Dasselbe gilt auch umgekehrt, wenn man über Katalyse sprechen will, so muß man auch über Günther Rienäcker sprechen, und dies bedeutet weit mehr.

Es ist interessant nachzuspüren, wie es zu der engen Verknüpfung seines Namens mit der Katalyse kam und außerdem zu zeigen, wie sein jahrzehntelanges Wirken derzeitig aktuelle Forschungsprobleme unmittelbar beeinflußt hat.

Günther Rienäcker schrieb vor 45 Jahren seine Habilitationsarbeit über „Untersuchungen an Mehrstoffkatalysatoren". Wir würden das heute nicht so einfach sagen, sondern von Untersuchungen an Multimetallkatalysatoren sprechen. Das ist eine Aufgabenstellung für eine noch heute hochaktuelle Forschungsproblematik. Hier deutet sich schon an, daß Günther Rienäcker Ausgangspunkte für seine Arbeiten wählte, die bis heute im Brennpunkt des Interesses stehen.

Seinerzeit waren die Kenntnisse und Vorstellungen über Katalysatoren natürlich noch nicht soweit wie heute entwickelt. Es herrschte die Ansicht vor, daß der katalytische Effekt im wesentlichen durch strukturelle, morphologische Besonderheiten der Katalysatoroberfläche bedingt sei.

Demgegenüber stellte Günther Rienäcker von Anfang an die stofflichen, chemischen Eigenschaften der Katalysatoren in den Vordergrund seiner Untersuchungen. Er benutzte Legierungen als Katalysatoren, weil sie die Möglichkeit boten, die chemischen Eigenschaften gezielt graduell zu verändern. Aus der Vielzahl untersuchter Legierungen zeichneten sich einige durch eine sprunghafte Änderung der katalytischen Eigenschaften aus, das waren Legierungen aus Metallen der VIII- und I-Nebengruppe. Hier konnte erstmals ein Zusammenhang zwischen der katalytischen Wirksamkeit eines Elements und dessen Stellung im Periodensystem aufgedeckt werden.

Es wurde die Hypothese aufgestellt, daß die besondere katalytische Wirksamkeit auf ein teilbesetztes d-Band, auf die sogenannte d-Lücke zurückzuführen sei. Diese d-Lücke soll die Möglichkeit zur Ausbildung katalytisch aktiver Zwischenverbindungen bieten.

Insgesamt konnte die These vom Zusammenhang der katalytischen Aktivität mit einem speziellen Elektronenaufbau durch eine ganze Reihe von Experimenten gestützt werden. Damit gelang der entscheidende Durchbruch zu der Erkenntnis, daß die katalytische Wirkung in erster Linie ein chemisches Problem ist und daß die zuvor so im Vordergrund stehende Strukturfrage nur von zweitrangiger Bedeutung ist. Plötzlich wurde auch verständlich, warum nur relativ wenig Elemente als Katalysatoren eingesetzt werden, nämlich die Übergangsmetalle mit nur teilweise besetztem d-Band.

Die Bedeutung der chemischen Valenzen des Katalysators konnte auch noch an einer anderen Stoffklasse, den Mischoxiden, experimentell gezeigt werden. Durch geeignete Zumischung von Oxiden kann man eine schrittweise Lockerung der Bindungsfestigkeit des Sauerstoffs erreichen. Bei dem Vergleich der katalytischen Aktivität dieser Oxide mit der Sauerstoffbindungsfestigkeit ergab sich eine Maximumbeziehung. Sie ließ sich nach einem einfachen Grundprinzip erklären: An Oxidationsreaktionen ist der Oxidsauerstoff des Katalysators beteiligt. Für eine optimale Katalyse darf dieser Sauerstoff nicht zu locker, aber auch nicht zu fest gebunden sein.

Damit konnte unser Jubilar bei den beiden größten Stoffklassen, die katalytisch aktiv sind, bei den Metallen und bei den Metalloxiden, klare Zusammenhänge der katalytischen Wirksamkeit mit dem Elektronenaufbau bzw. mit dem Bindungszustand theoretisch formulieren und experimentell belegen. Die Aufdeckung dieser Zusammenhänge gehört sicher mit zu den bedeutendsten Erkenntnissen, die wir Günther Rienäcker verdanken.

Dabei hat er keineswegs uuterschätzt, daß auch die Struktur der Katalysatoroberfläche einen Einfluß haben könnte. Auch hier gehörte er zu den Ersten. die einen experimentellen Weg einschlugen, auf dem bis heute Wesentliches über Struktureinflüsse gefunden werden konnte. Gemeint sind katalytische Untersuchungen an Einkristallen. Seine Mitarbeiter konnten die ersten signifikanten Unterschiede in der katalytischen Wirksamkeit verschiedener Kristallflächen nachweisen. Damit war klar bewiesen, daß schon die unterschiedliche Anordnung der Atome auf der Oberfläche die katalytische Wirksamkeit beeinflußt. Das liegt 25 Jahre zurück. Inzwischen arbeiten viele Forschungsgruppen intensiv an Einkristallen.

Im Hinblick auf die Aktualität von GÜNTHER RIENÄCKERS Forschungsrichtungen wäre noch etwas über die Multimetallkatalysatoren nachzutragen. Erwähnt wurde schon, daß mit der Habilitationsarbeit eine Phase sehr systematischer Untersuchungen von Legierungskatalysatoren einsetzte. Bis in die 50er Jahre wurde dieses Gebiet fast ausschließlich von ihm und seinen Mitarbeitern bearbeitet. Wichtige theoretische und methodische Grundlagen konnten gelegt werden. Allerdings blieben die Ergebnisse zunächst von rein wissenschaftlichem Interesse. Das änderte sich in den 60er Jahren, als mit der Erdölchemie Metallträgerkatalysatoren eine überragende ökonomische Bedeutung erlangten. Man hat jetzt erkannt, daß der Übergang vom Mono- zum Multimetallkatalysator eine entscheidende Möglichkeit bietet, insbesondere die Selektivität ganz gezielt zu verändern.

Es sind Schüler RIENÄCKERS, Prof. ENGELS in Merseburg und Dr. VÖLTER in Adlershof, die heute auf diesem Gebiet sein Werk erfolgreich fortsetzen und durch eine enge Zusammenarbeit mit den Leunawerken zugleich für die Anwendung der Erkenntnisse in unserer Volkswirtschaft Sorge tragen.

Diese wenigen Beispiele mögen zeigen, wie maßgeblich GÜNTHER RIENÄCKER die heterogene Katalyse geprägt hat. Er hat damit den Weitblick eines großen Forschers bewiesen, indem er wissenschaftliches Neuland betrat und solche Probleme anpackte, die die Entwicklung nachhaltig und langfristig beeinflußten.

Um seine Arbeiten durchführen zu können, mußte er auch die Voraussetzungen dafür schaffen. Da ist vor allem die Gründung des Katalyse-Institutes 1952 in Rostock anzuführen, das heute unter der Leitung seines Nachfolgers Prof. ÖHLMANN einen Bereich des ZIPC in Adlershof bildet. Es war sehr mutig, zu einer Zeit, als es noch um die Beseitigung der Schäden des faschistischen Krieges ging, einen Institutsneubau zu fordern für ein Wissenschaftsgebiet, das kaum in seinen Umrissen erkennbar war. Heute ist ersichtlich, daß alle damaligen Erwartungen und Pläne übertroffen wurden. Es ist eine Forschungseinrichtung entstanden, die sich internationale Anerkennung erworben hat und die enge, fruchtbare Verbindungen mit industriellen Katalysatorproduzenten in Leuna und Bitterfeld eingegangen ist.

Der große Aufschwung, den Katalyseforschung und Katalysatorproduktion in der DDR genommen haben, wäre nicht durchführbar gewesen ohne geeignete Wissenschaftler. GÜNTHER RIENÄCKER hat jahrzehntelang als Hochschullehrer jungen Studenten nicht nur Wissen vermittelt, sondern sie auch für die Wissenschaft begeistert. Er ist der Gründer einer Katalyse-Schule, der Nestor der Katalyse in der DDR geworden. Heute haben seine Schüler OM ÖHLMANN, Prof. BREMER und Prof. ENGELS u.a. es erfolgreich übernommen, die Tradition dieser Schule fortzusetzen.

Einmal im Jahr kommen alle Schüler zusammen. Schon zum 12. Mal hat GÜNTHER RIENÄCKER zum Jahrestreffen der Katalytiker der DDR aufgerufen, um unter seiner Schirmherrschaft die Ergebnisse ihrer Arbeit zu diskutieren.

Die wissenschaftlichen Interessen GÜNTHER RIENÄCKERS reichen weit über die Katalyse hinaus. Zwei Festvorträge aus der anorganischen Chemie im heutigen Programm weisen darauf hin. Seine Liebe zur anorganischen Chemie und sein überragendes Wissen auf diesem so vielfältigen Gebiet manifestieren sich vor allem in seiner Tätigkeit als Chefredakteur der Zeitschrift für anorganische Chemie. Seit 1946 liegt die Herausgeberschaft dieser weltweit gelesenen Fachzeitschrift in seinen Händen, und mit größter Sorgfalt übt er nach wie vor diese verantwortungsvolle Tätigkeit aus.

Unsere heutige Würdigung GÜNTHER RIENÄCKERS wäre unvollkommen, würde sie sich nur auf den Naturwissenschaftler, speziell auf den Katalyseforscher erstrecken. Als bedeutender, international bekannter und geachteter Naturwissenschaftler unserer Republik hat er mit seinem Schaffen in Forschung und Lehre nicht nur das Grundlagenwissen auf wichtigen Gebieten der chemischen Forschung maßgeblich bereichert und wesentlich zur Nutzung solcher Forschungsergebnisse in der Volkswirtschaft unseres Landes beigetragen, sondern auch in vorbildlicher Weise wissenschaftlichen Nachwuchs herangebildet, auf den wir stolz sein können. GÜNTHER RIENÄCKER gehört zu den Persönlichkeiten, die mitten im Leben unserer sozialistischen Gesellschaft stehen. Sein Wissen und Können hat er zur allseitigen Entwicklung unseres Landes eingesetzt und mit der ganzen Kraft seiner Persönlichkeit hierfür gewirkt.

Sein Leben wurde zum Gegenstand von Dissertationen und Publikationen. Der sozialistische Schriftsteller und Revolutionär WILLI BREDEL, der mit seinem Roman „Ein neues Kapitel“ den Männern der ersten Stunde ein Denkmal gesetzt hat, widmete „Professor Rinberger“ - so das Pseudonym für unseren Jubilar - einen umfangreichen Abschnitt seines Werkes.

Wenn es die mir zur Verfügung stehende Zeit auch nicht zuläßt, ausführlicher hierüber zu sprechen, so möchte ich wenigstens im Telegrammstil dieses ‚sein Wirken‘ am heutigen Tage in Erinnerung rufen:

1946 bis 1948 war GÜNTHER RIENÄCKER erster Rektor, anschließend Prorektor der Universität Rostock, der heutigen „Wilhelm-Pieck-Universität“, die ihm im Jahre 1961 für seine großen Verdienste um diese Universität die Würde eines Ehrensenators verlieh. Ein wunderbares Urteil über ihn aus dieser Zeit erhalten wir zwei Jahrzehnte später durch Professor JESSIN aus Moskau, der nach der Zerschlagung des Faschismus Kulturoffizier der Sowjetarmee in Mecklenburg und hier u.a. für die Eröffnung der Rostocker Universität verantwortlich war. Er schrieb 1967 an unseren Jubilar: „Ich erhielt anläßlich meines 60. Geburtstages viele Glückwünsche aus Rostock. In den Glückwunschschreiben wird auf meine Verdienste in unserer gemeinsamen Arbeit während der Nachkriegsjahre in der Universität Rostock hingewiesen. Aber was konnte ich Gutes machen, ohne Sie und Ihre Hilfe? Sie halfen mir in jenen Jahren, mich auf die konkreten Bedingungen des Universitätslebens zu orientieren, die innere geistige Welt der deutschen Wissenschaftler kennenzulernen. Das war für mich sehr wichtig, denn von dort mußte ich zu meiner praktischen Tätigkeit übergehen. In Ihrer Person sah ich sofort nicht nur einen aufrichtigen Freund, sondern auch einen großen Patrioten der Rostocker Universität, der deutschen fortschrittlichen Kultur, des deutschen Volkes und zugleich einen aufrichtigen Kämpfer für den Frieden und die Freundschaft zwischen unseren Völkern. Ich halte es für ein großes Glück und für einen großen Erfolg, daß ich mit Ihnen, einem so hochgebildeten und geistig sauberen Menschen, befreundet war."

Aber GÜNTHER RIENÄCKER war nicht nur Professor, nicht nur Rektor. 1945 wurde er, der auch der Kultur und Kunst sehr nahesteht und selbst eine tiefe Zuneigung zur klassischen Musik empfindet, zum Mitbegründer, später einer der Vorsitzenden des Landesverbandes des Kulturbundes im damaligen Mecklenburg-Vorpommern. 1947 wurde er Mitglied des Präsidialrates des Kulturbundes, dem er, wie es in einer als Publikation veröffentlichten Dissertation zur Geschichte des Kulturbundes heißt, nicht nur als Repräsentant angehört, sondern zu den besten und aktivsten Organisatoren zählte. Gleichzeitig war GÜNTHER RIENÄCKER Mitglied der Stadtverordneten-Versammlung in Rostock, später Mitglied des Landtages, 1949 Mitglied der Provisorischen Volkskammer der Deutschen Demokratischen Republik. 1953 wurde er Vorsitzender des Zentralvorstandes der Gewerkschaft Wissenschaft. Der V. Parteitag der Sozialistischen Einheitspartei Deutschlands wählte ihn 1958 zum Mitglied des Zentralkomitees der SED, dem er über zwei Wahlperioden angehörte.

1957 wählte ihn das Plenum der Ordentlichen Mitglieder zum Generalsekretär unserer Akademie - ein Amt, das er elf Jahre lang erfolgreich bekleidete. Als erster Generalsekretär der Akademie war er in dieser Funktion staatlicher Leiter der Gesamtakademie, Geschäftsführer des Präsidiums und des Plenums der Akademiemitglieder und Verantwortlicher für die Auslandsbeziehungen der Akademie. Elf Jahre lang hat GÜNTHER RIENÄCKER die Geschicke der Akademie an entscheidender Stelle mitgestaltet. Als Geschäftsführer der akademischen Gremien fand er immer auch noch Zeit für eigene wissenschaftliche Arbeiten in Plenum und Klasse - neben seiner Lehrtätigkeit an der Universität, neben seiner Forschungstätigkeit im Institut, neben seinen mit der Herausgeberschaft der „Zeitschrift für anorganische und allgemeine Chemie" und den „Monatsberichten" verbundenen Verpflichtungen. Als Generalsekretär hat er nicht nur maßgeblichen Anteil an der Entwicklung und Ausgestaltung der Beziehungen zu den Akademien der befreundeten sozialistischen Länder. Dank seines konsequenten Wirkens wurde auch Stück für

Stück die berüchtigte „Hallstein-Doktrin“ der imperialistischen BRD auf dem Gebiet der Wissenschaft, die eine gleichberechtigte wissenschaftliche Mitarbeit der Akademie in internationalen wissenschaftlichen Organisationen zu verhindern suchte, zerschlagen. Unsere Akademie wurde in jenen Jahren dank prinzipieller Politik, dank der Unterstützung befreundeter sozialistischer Akademien und forschrittlicher Kräfte anderer Länder Mitglied zahlreicher wissenschaftlicher Unionen und vertritt in ihnen die Wissenschaft der Deutschen Demokratischen Republik. Als Vorsitzender der Nationalen Pugwash-Gruppe trug GÜNTHER RIENÄCKER auch wesentlich dazu bei, daß die Wissenschaft der Deutschen Demokratischen Republik innerhalb der für den Frieden so wichtigen Pugwash-Bewegung in gebührender Weise ihren Beitrag leisten konnte. Nicht unerwähnt bleiben darf in diesem Zusammenhang, daß er sich nach seinem Ausscheiden aus der hauptamtlichen Tätigkeit in der Akademie als Vizepräsident der UNESCO-Kommission der DDR auch bliebende Verdienste um gleichberechtigte Mitgliedschaft der DDR in wissenschaftlichen Gremien der UNESCO erworben hat.

Partei und Regierung würdigten Wirken und Leistung GÜNTHER RIENÄCKERS durch die Verleihung höchster Auszeichnungen. Er ist Träger des Karl-Marx-Ordens, Hervorragender Wissenschaftler des Volkes, Nationalpreisträger und Träger zahlreicher anderer Auszeichnungen.

Die Akademien der Wissenschaften der UdSSR und Ungarns und das Institut de Egypt, Kairo, wählten ihn zum Auswärtigen Mitglied bzw. zum Ehrenmitglied. Die Tschechoslowakische Akademie der Wissenschaften verlieh ihm die Medaille für „Verdienste um Wissenschaft und Menschheit“.

So steht GÜNTHER RIENÄCKER an seinem 75. Geburtstag vor uns als das Beispiel eines großen Naturwissenschaftlers, der durch sein Wissen und Können überzeugt und überzeugend in den Dienst des werktätigen Volkes gestellt hat, der als Forscher und Lehrer, als Wissenschaftspolitiker und Wissenschaftsorganisator und selbst Wissenschaftshistoriker Vorbild und Beispiel auch jener Generation von Wissenschaftlern geworden ist, zu deren Bildung und Ausbildung er selbst so maßgeblich beigetragen hat und von denen heute zahlreiche Kollegen unter uns weilen, um ihm ihre Glückwünsche darzubieten.

Lothar Kolditz

Über Bromsauerstoffverbindungen

1. *Die Arbeit von* Zintl *und* Rienäcker

Die Würdigung der wissenschaftlichen Verdienste von Herrn Rienäcker konzentriert sich naturgemäß auf die Hauptrichtung seiner Forschungsarbeit, die Untersuchung katalytischer Vorgänge. Es sollte aber nicht untergehen, daß Herr Rienäcker auch auf anderen Gebieten der anorganischen Chemie in Synthese und Analyse wichtige Beiträge geliefert hat. So wird zum Ausgangspunkt dieser Betrachtung eine Veröffentlichung von Zintl u. Rienäcker [1] aus dem Jahre 1930 gewählt, die den Titel trägt „Über die Existenz eines flüchtigen Bromoxyds".

Diese Arbeit ist das Musterbeispiel für eine klare wissenschaftliche Berichterstattung, der kritischen Bewertung der Ergebnisse und der Absicherung der experimentellen Feststellungen von verschiedenen Seiten her, das jüngeren Wissenschaftlern sehr zum Studium zu empfehlen ist.

Die Literatur sagte zum damaligen Zeitpunkt aus, daß es nicht gelingt, aus Quecksilberoxid und Brom ein dem Dichlormonoxid analoges Bromoxid darzustellen. Das einzige seinerzeit bekannte Bromoxid war ein Jahr vorher von Lewis u. Schumacher [2] durch Einwirken von Ozon auf Brom gefunden worden. Als Zusammensetzung wurde Br_3O_8 angegeben.

Zintl u. Rienäcker (l.c.) schrieben: „Es erschien nicht aussichtslos, die Frage der Existenz von Bromoxyden durch eine Untersuchung mit verbesserten Hilfsmitteln erneut zu prüfen. Aus den später geschilderten Versuchen scheint in der Tat hervorzugehen, daß bei Einwirkung von Brom auf trockenes Quecksilberoxyd sich ein flüchtiges Bromoxyd in geringer Menge bildet."

Das Problem bestand darin, eine experimentelle Verfahrensweise zu finden, die es mit Sicherheit gestattet, geringe Mengen eines eventuell gebildeten Bromoxids neben viel Brom nachzuweisen. Dies wurde mit klassischen Mitteln erreicht. Die Blindprobe war so gestaltet, daß Brom in halogenfreier Lauge absorbiert und das gebildete Hypobromit durch potentiometrische Titration der alkalischen Bromlösung mit 0,1 n-Natriumarsenit bestimmt wurde. Bromat wird dabei nicht erfaßt. Durch Zugabe eines Überschusses an 0,1 n-Natriumarsenit, Ansäuern mit Salzsäure, Rücktitration des noch vorhandenen Arsenits mit 0,1 n-$KBrO_3$ und Vergleich mit dem Hypobromit-Wert erfolgte die Ermittlung des Bromatgehaltes in der Bromlauge. Für die Lösung der Aufgabe ist es wichtig zu wissen, in welchem Verhältnis Hypobromit und Bromat auftreten, und nicht nur den Gesamtoxydationswert zu kennen. Der Gesamtgehalt an Brom in der Absorptionslauge wurde schließlich nach Reduktion mit Natriumsulfit-Lösung und Ansäuern mit Salpetersäure potentiometrisch durch 0,1 n-$AgNO_3$ bestimmt. Die Blindprobe erwies die Zuverlässigkeit des Verfahrens.

Das Verfahren gestattete die Überprüfung verschiedener Reaktionen, bei denen die Möglichkeit des Entstehens von Bromoxiden gegeben war. Diese Reaktionen und die Untersuchungsergebnisse sind in Tabelle 1 zusammengestellt.

Tabelle 1 **Reaktionen und Versuchsergebnisse**

Versuch	Ergebnis
$KBrO_3 + H_2SO_4$	–
$HOBr + P_4O_{10}$	–
Extraktion von	
$HOBr, H_2O$ mit CCl_4	–
$Br_2 + Ag_2O$	–
$Br_2 + HgO$	+

Alle zu den Versuchen verwendeten Substanzen wurden vor dem Einsatz durch geeignete Methoden peinlichst gereinigt. Ein eventueller Lichteinfluß wurde ausgeschaltet. Die als Transportmittel für die Gasströme zum Einleiten in Lauge verwendete Luft passierte vorher eine alkalische Permanganatlösung, dann konzentrierte Schwefelsäure und wurde außerdem über Phosphor(V)-oxid geleitet, das im Sauerstoffstrom sublimiert war. Die Anregung zum Extraktionsversuch einer wäßrigen Lösung von unterbromiger Säure mit CCl_4 war durch eine Arbeit von GOLDSCHMIDT [3] gegeben, dem es gelang, aus wäßriger unterchloriger Säure Dichlormonoxid mit CCl_4 auszuschütteln.

Das positive Ergebnis der Reaktion zwischen Br_2 und HgO deutet auf das Ablaufen der Reaktion

$$2\,Br_2 + HgO \rightarrow Br_2O + HgBr_2$$

hin.

Damit nicht ein geringer Chlorgehalt im Brom durch Bildung von Cl_2O das Entstehen von Bromoxid vortäuschen konnte, wurde das eingesetzte Brom aus gesättigter KBr-Lösung langsam destilliert, mit halogenfreier Dichromatlösung geschüttelt zur Oxydation von Bromwasserstoff und mit halogenfreiem

Calciumoxid vorgetrocknet. Das verwendete Quecksilberoxid gab nach Lösen in Salpetersäure mit $AgNO_3$ nicht die geringste Opaleszenz, dennoch unterzogen sich die Autoren der Mühe, die Bromoxid-Lauge auf Chloridfreiheit zu prüfen. Dies geschah nach zwei unabhängigen Verfahren.

Feuchtigkeit übt einen negativen Einfluß auf das Versuchsergebnis aus. Bei Einsatz von feuchtem HgO wurde kein Bromoxid erhalten.

Die Realstruktur des verwendeten Quecksilberoxids erwies sich als wichtige Einflußgröße für den Erfolg des Experiments. Ein in festkörperchemischer Hinsicht sehr aktives Quecksilberoxid, hergestellt durch Zugabe von Quecksilberchloridlösung in Lauge in großer Verdünnung bei Zimmertemperatur und Trocknen im Vakuum, lieferte kein Bromoxid. Es zeigte sich nämlich, daß Bromoxid an aktivem Quecksilberoxid zersetzt wird. Gut durchkristallisiertes Quecksilberoxid lieferte aber ebenfalls kein Bromoxid. Schließlich wurde eine Prozedur für die Gewinnung eines geeigneten, genügend reaktionsfähigen Quecksilberoxids gefunden, das die Präparation einer Bromoxid/Brom-Mischung mit 4,3% Gehalt an Oxid ermöglichte.

Durch Fraktionierungsversuche wurde bewiesen, daß das gebildete Bromoxid schwerer flüchtig als Brom ist. Es beginnt sich oberhalb $-40\,°C$ zu zersetzen. Eine Anreicherung auf dem Wege der Fraktionierung wurde nicht erreicht. Das gebildete Bromoxid war nicht lichtempfindlich. Aus Analogiegründen zum Cl_2O wurde die Formel Br_2O angenommen, gestützt durch das festgestellte Verhältnis von Hypobromit zu Gesamt-Brom.

2. *Zum heutigen Kenntnisstand über Bromoxide*

In Tabelle 2 ist eine Übersicht über die heute bekannten Bromoxide und dazu erschienene Veröffentlichungen gegeben.

Tabelle 2 Arbeiten über Bromoxide

Oxide	Literatur
Br_2O	ZINTL u. RIENÄCKER 1930 [1]
	BRENSCHEDE u. SCHUMACHER 1936 [4]
	SCHWARZ u. WIELE 1938 [5]
BrO_2	SCHWARZ u. SCHMEISSER 1937 [6]
Br_3O_8	LEWIS u. SCHUMACHER 1929, 1930 [2]
BrO_3	PFLUGMACHER, RABBEN u. DAHMEN 1955 [7]

BRENSCHEDE u. SCHUMACHER [4] haben durch Schütteln von HgO in Brom-CCl_4-Lösungen eine Anreicherung von Br_2O auf 50% erhalten, was sie durch

Molmassebestimmungen und spektroskopische Untersuchungen belegen. Die Arbeit ist allerdings nicht in dem Maße abgesichert wie die von ZINTL u. RIENÄCKER. Die mögliche Wechselwirkung von Br_2 mit CCl_4 bei Gegenwart von HgO wurde nicht berücksichtigt. SCHWARZ u. WIELE [5] gelang schließlich die Reindarstellung von Br_2O durch langsame Zersetzung des von SCHWARZ u. SCHMEISSER [6] durch Glimmentladung in Br_2/O_2-Gemischen hergestellten BrO_2. Br_2O hat einen Schmelzpunkt von $-17{,}5 \pm 0{,}5\,°C$. Es löst sich in CCl_4 mit moosgrüner Farbe. Sämtliche von RIENÄCKER und ZINTL getroffenen Voraussagen über Br_2O wurden bestätigt. Die Zersetzung von BrO_2 wurde durch SCHWARZ u. WIELE wie folgt formuliert:

$$8\,BrO_2 \rightarrow 2\,„Br_2O_7“ + 2\,Br_2O.$$

Die Zusammensetzung Br_2O_7 wurde auf Grund der Stoffbilanz angenommen, die Formel aber nicht bewiesen. Es wird darauf hingewiesen, daß es sich bei dem Rückstand um einen weißen Stoff handelt, während BrO_2 gelb ist und sich oberhalb $-40\,°C$ zersetzt.

Das von LEWIS u. SCHUMACHER [9] gefundene Oxid Br_3O_8 wird als weißer zersetzlicher Stoff beschrieben. PFLUGMACHER u. Mitarbeiter [7] stellten die weiße Verbindung BrO_3 durch Glimmentladung in Br_2/O_2 zwischen $-10°$ u. $+20\,°C$ dar. Sie fanden dieselbe Zusammensetzung auch bei der Reaktion von Br_2 mit O_3 und nahmen daher an, daß es sich bei dem Präparat von LEWIS u. SCHUMACHER um unreines BrO_3 handelt. Dem steht eine Veröffentlichung von ARVIA, AYMONINO u. SCHUMACHER [8] entgegen, in der behauptet wird, daß bei der Reaktion zwischen Br_2 und O_3 nur Präparate mit einem höchsten Oxydationsgrad entsprechend Br_3O_8 erhalten werden. Die Reaktion wurde in Quarz durchgeführt. In Pyrex-Glas ergibt sich nach der gleichen Arbeit eine Substanz der Zusammensetzung Br_2O_5. Zu dieser Arbeit existiert eine Bemerkung von PFLUGMACHER [9] und dazu wiederum ein Schlußwort von SCHUMACHER [10]. Die unterschiedlichen Standpunkte wurden dadurch nicht verändert.

3. *Oxoanionen des Broms*

Bromate (V) sind hinlänglich bekannt und wurden bereits vor Kenntnis der Bromoxide vor allem analytisch genutzt. Hypobromit- und Bromit-Lösungen waren ebenfalls schon lange bekannt, während die Isolierung reiner kristalliner Verbindungen erst relativ spät gelang. SCHOLDER u. KRAUSS [11] stellten aus alkalischen Bromlösungen die festen Verbindungen $NaBrO \cdot 5\,H_2O$, $NaBrO \cdot 7\,H_2O$ und $KBrO \cdot 3\,H_2O$ dar. Durch Disproportionieren von Hypobromit und Kristallisation aus der Lösung erhielten KIRCHER u. PERIAT [12] die feste Verbindung $Ba(BrO_2)_2 \cdot H_2O$. Durch elektrochemische Verfolgung der Disproportionierung von Hypobromit-Lösungen und der damit zu erreichenden Optimierung des Prozesses gelang FUCHS u. LANDSBERG [13] die Abscheidung von festem $NaBrO_2 \cdot 3\,H_2O$. In der gleichen Arbeit wird die Herstellung reiner NaBrO-Lösungen beschrieben.

Das noch fehlende Perbromat wurde 1968 durch APPELMANN [14] gefunden. Zur Herstellung dienten drei verschiedene Reaktionen, nämlich die Gewinnung durch radioaktiven Zerfall von $^{83}SeO_4^{2-}$-Lösungen:

$$^{83}SeO_4^{2-} \rightarrow {}^{83}BrO_4^{-} + \beta^{-},$$

die elektrochemische Oxydation von $LiBrO_3$-Lösungen und die Oxydation von $LiBrO_3$ mit XeF_2. Isoliert wurden $RbBrO_4$ und $LiBrO_4$. Die Existenz von Perbromsäure wurde massenspektrometrisch bewiesen (STUDIER [15]).

4. Zur geringen Beständigkeit von Brom-Sauerstoff-Verbindungen

Die Schwierigkeit der Darstellung von Perbromaten im Vergleich zur lange bekannten Existenz von Perchloraten und Periodaten hat eine Parallele in der geringen Beständigkeit von $AsCl_5$ (SEPPELT [16]) gegenüber Phosphor(V)- und Antimon(V)-chlorid. Als Erklärung wird die mit der Auffüllung der 3d-Orbitale bei den Elementen Sc bis Zn verbundene Kontraktion herangezogen. Es folgt dadurch eine relativ feste Bindung der beiden 4s-Elektronen und eine Destabilisierung der Oxydationsstufen +5 bei As und +7 bei Br. Auch die Selenate(VI) fallen im Vergleich zu den gruppenhomologen Verbindungen des Schwefels und Tellurs durch eine geringere Beständigkeit, d.h. höhere Oxydationswirkung auf, als bei normalem Gang zu erwarten wäre. Zum Nachweis der d-Kontraktion werden die Atomvolumina der Elementverbindungen herangezogen (SEPPELT [17]). Tatsächlich beträgt das Atomvolumen für Ca 25,6 cm^3/mol und für das im Periodensystem auf Zn folgende Ga nur 11,7 cm^3/mol. Jedoch ist auch bei Al mit 9,9 cm^3/mol ein geringeres Atomvolumen feststellbar als bei Mg (13,8 cm^3/mol), obwohl hierfür eine Auffüllung von d-Orbitalen nicht infrage kommen kann. Die Betrachtung der Atomvulumina im Hinblick auf vergleichbare Bindungskontraktion ist insofern problematisch, als unterschiedliche Festkörperstrukturen vorliegen. Das ist auch an dem Abfall des Atomvolumens bei As (13,0 cm^3/mol) gegenüber Ge mit 13,5 cm^3/mol, erkennbar, das im Vergleich zu Ga (s.o.) einen normalen Anstieg aufweist. Das Bindungsgefüge ist offensichtlich etwas komplizierter als durch die Betrachtung von d-Kontraktion und 4s-Elektronen-Niveau allein erklärbar. Die unterschiedliche Beteiligung von d-Funktionen an den Bindungen im Zusammenhang mit der durch die d-Kontraktion ausgelösten Absenkung des 4s-Elektronen-Niveaus ist ein Vorgang, der außerdem noch zu beachten ist. Wir haben aus der Feststellung, daß bei Zimmertemperatur $[AsCl_4]^+$-Ionen sofort von Cl^--Ionen reduziert werden [18]:

$$[AsCl_4]^+ + Cl^- \rightarrow AsCl_3 + Cl_2,$$

während bei Phosphor und Antimon analoge Reaktionen nicht unter vergleichbaren Bedingungen eintreten, den Schluß gezogen, daß offensichtlich der Abfall der σ-Bindungsstärke und die Zunahme der durch d-Beteiligung hervorgerufenen Bindungsverstärkung in der Reihe P, As, Sb bei $AsCl_5$ ein Minimum in der summarischen Bindungsstärke hervorruft. Dies steht auch in Übereinstimmung mit SIEBERT [19].

Die Bromoxide sind aber generell unbeständiger als homologe Verbindungen von Chlor und Iod. In den niederen Oxydationsstufen kann die Absenkung des 4s-Niveaus nicht unmittelbar als Erklärung für die Unbeständigkeit herangezogen werden. Die Zersetzung ist kinetisch kontrolliert. Sie wird von Verunreinigungen erheblich beeinflußt. Thermodynamische Zersetzungsenthalpien sind kein unmittelbares Maß für die Neigung zur Zersetzung, wie aus einem Vergleich der Zersetzungsenthalpien von ClO_2 und BrO_2 hervorgeht. Für die Reaktion

$$ClO_2 \rightarrow {}^1/_2\, Cl_2 + O_2$$

werden in der Literatur Werte zwischen 93,4 und 111 kJ/mol angegeben.

Die Zersetzungsenthalpie der Reaktion

$$BrO_2 \rightarrow {}^1/_2\, Br_2 + O_2$$

wurde von PFLUGMACHER, SCHWARZ u. RABBEN [20] zu $\Delta H = 52{,}3 \pm 2{,}9$ kJ/mol kalorimetrisch bestimmt. Die Zersetzungsgeschwindigkeit von BrO_2 wird offensichtlich durch die Oberfläche der festen Verbindung katalysiert, was bei ClO_2 entfällt.

Über quantenchemische Berechnungen zu diesen Verbindungen, besonders im Hinblick auf die Beteiligung von d-Funktionen, ist nichts bekannt, und es ist wohl auch notwendig, noch weitere experimentelle Tatsachen zu sammeln in der meisterhaften Art, wie es von ZINTL u. RIENÄCKER durchgeführt wurde. Dies kann dann in Verbindung mit der Theorie zu sicheren Aussagen führen und die auffälligen Erscheinungen des Verhaltens der Bromsauerstoff-Verbindungen im Vergleich zu den gruppenhomologen Verbindungen und die Parallelen dazu in anderen Gruppen erklären.

Literatur

[1] E. ZINTL u. G. RIENÄCKER: Ber. dtsch. chem. Ges. **63**, 1098 (1930).

[2] B. LEWIS u. H. SCHUMACHER: Elektrochem. **35**, 651 (1929); Z. anorg. allg. Chem. **182**, 182 (1929); Z. physik. Chem. (B), **6**, 423 (1930).

[3] ST. GOLDSCHMIDT, Ber. dtsch. chem. Ges. **52**, 753 (1919).

[4] W. BRENSCHEDE u. H.-J. SCHUMACHER: Z. anorg. allg. Chem. **226**, 370 (1936).

[5] R. SCHWARZ u. H. WIELE: Naturwiss. **26**, 742 (1938); J. prakt. Chem. **152**, 157 (1939).

[6] R. SCHWARZ u. M. SCHMEISSER: Ber. dtsch. chem. Ges. **70**, 1163 (1937).

[7] A. Pflugmacher, H. J. Rabben u. H. Dahmen: Z. anorg. allg. Chem. **279**, 313 (1955); A. Pflugmacher, Angew. Chem. **67**, 524 (1995).
[8] A. J. Arvia, P. J. Aymonino u. H. J. Schumacher: Z. anorg. allg. Chem. **298**, 1 (1959).
[9] A. Pflugmacher: Z. anorg. allg. Chem. **298**, 9 (1959).
[10] H. J. Schumacher: Z. anorg. allg. Chem. **298**, 11 (1959).
[11] R. Scholder u. K. Krauss: Z. anorg. allg. Chem. **268**, 279 (1952).
[12] R. Kircher u. R. Periat: Ind. chim. belge, Suppl. 1, 877 (1959); DBP 1 076 096 (5. 2. 1960).
[13] H. Fuchs u. R. Landsberg: Z. anorg. allg. Chem. **372**, 127 (1970).
[14] E. H. Appelmann: J. Amer. Chem. Soc. **90**, 1900 (1968); Inorg. Chem. **8**, 223 (1969).
[15] M. H. Studier: J. Amer. Chem. Soc. **90**, 1901 (1968).
[16] K. Seppelt: Angew. Chem. **88**, 410 (1976); Z. anorg. allg. Chem. **434**, 5 (1977).
[17] K. Seppelt: Angew. Chem. **91**, 199 (1979).
[18] L. Kolditz: Z. anorg. allg. Chem. **289**, 128 (1957).
[19] H. Siebert: Z. anorg. allg. Chem. **265**, 303 (1951).
[20] A. Pflugmacher, R. Schwarz u. H. J. Rabben: Z. anorg. allg. Chem. **264**, 204 (1951).

Günter Henrion

Theorie und Praxis potentiometrischer Titrationen

Die Geburtsstunde der Potentiometrie schlug im Jahre 1893 im OSTWALDschen Leipziger Institut mit den Untersuchungen von BEHREND über die „Elektrometrische Analyse".

Er titrierte Hg(I)-Nitrat mit Lösungen von Kaliumchlorid, -bromid und -jodid bzw. umgekehrt. Indikator- und Bezugselektrode bestanden aus Hg in 10^{-1} N Hg(I)-Nitratlösung, die durch eine Strombrücke verbunden waren. Die Titration von Jodid mit $AgNO_3$ unter Verwendung einer Ag-Elektrode schloß sich an.

BEHREND verwies auf die Möglichkeit weiterer Anwendungen bei anderen Fällungen und Redoxvorgängen. Er hebt als besonderen Vorteil des Verfahrens hervor, daß seine Verwendung von der benutzten Lichtquelle unabhängig sei, man also imstande sei, „bei Lampenlicht so gut wie am Tage zu titrieren". So bescheiden wurde am Anfang der Vorteil potentiometrischer Titrationen gesehen!

BÖTTGER beschrieb 1897 potentiometrische Säure-Base-Titrationen und CROTOGINO 1900 Redoxtitrationen, z.B. J^- mit MnO_4^- an der Pt-Elektrode. Diese Arbeiten bedeuteten den Beginn potentiometrischer Titrationen, die jedoch zunächst keinen Anklang fanden, sondern mehr als Kuriositäten galten. Erst in den zwanziger Jahren begann sich die potentiometrische Methode schnell zu verbreiten [1].

In der im September 1926 an der Universität München vorgelegten Dissertation mit dem Thema: „Neue potentiometrische Titrationsmethoden zur Bestimmung von Schwermetallen" führt G. RIENÄCKER aus: „Die Vorzüge der potentiometrischen gegenüber der klassischen Titrationsmethode können kurz folgendermaßen zusammengefaßt werden: Die Geschwindigkeit der Titration kann häufig erhöht werden, da das Herannahen des Äquivalenzpunktes gut beobachtet werden kann; es sind Reaktionen für die Maßanalyse verwertbar, bei denen sonst die Erreichung des Äquivalenzpunktes z.B. wegen starker Färbung der Titrationsflüssigkeit oder wegen des Auftretens von Niederschlägen nicht erkannt werden kann; die elektrometrischen Methoden sind weitgehend selektiv, sie werden häufig durch die Gegenwart anderer Bestandteile nicht gestört, so daß oft schwierige und zeitraubende Trennungen überflüssig gemacht werden; endlich ermöglichen sie in manchen Fällen die gleichzeitige Bestimmung mehrerer Bestandteile nebeneinander in einer Titration".

Und weiter:

„Auf Ionenumladungen beruhen die im Folgenden neu beschriebenen Methoden zur Titration von Thallium mit Kaliumbromat oder Titantrichlorid und von Kupfer mit Chromchlorür.

Eine weitere Möglichkeit zur potentiometrischen Titration bietet die Ausfällung elementarer Metalle aus der Lösung ihrer Salze durch rasch wirkende Reduktionsmittel. Diese Methoden sind in Parallele mit den elektrogravimetrischen zu setzen, bei denen die Reduktion durch den elektrischen Strom bewirkt wird, und zwar sind sie der Methode der Elektrolyse mit begrenztem Katodenpotential direkt analog. Das Grenzpotential ist dann gleich dem Umschlagpotential der Titration. Für die maßanalytische Anwendung ergeben sich jedoch notwendigerweise Beschränkungen: Elektrolytische Metallfällungen brauchen nicht mit quantitativer Stromausbeute vor sich zu gehen, für die titrimetrische Reduktion ist es jedoch erforderlich!"

Soweit das Zitat. Eine Frage drängt sich auf: Mußte es eigentlich von diesen Analogien und Verallgemeinerungen bis zur Entwicklung der coulometrischen Titration durch SZEBELLÉDY im Jahre 1938 noch 12 Jahre dauern?

Die in dieser Arbeit benutzten Maßlösungen Ti(III)-chlorid und Cr(II)-chlorid haben immer breitere Anwendung für Redoxtitrationen der verschiedensten Art gefunden. G. RIENÄCKER selbst hat die ständige Weiterentwicklung dieses Gebietes zusammenfassend dargestellt [2].

Auch der Versuchung, den in dieser Dissertation mehrfach genannten langsamen Redoxreaktionen, z.B. Tl(III) mit Ti(III) oder Cr(II) mit Wasser, die durch Metallspuren katalysiert werden, zu folgen, soll ausgewichen werden. Der Weg würde uns zur heute so sensationell spurenempfindlichen Methode der Katalymetrie führen. Wir wollen nur einfach und allgemein den weiteren Gang der Potentiometrie skizzieren.

Die Gestalt der Titrationskurve sei in ihrer vollständigen Herleitung am Beispiel starke Säure mit starker Base gezeigt:

$$C_{H_3O^+} = C_0 + C_{OH^-} \qquad C_0 = \text{Konzentration der vorgelegten Säure}$$

$$C_{OH^-} = \frac{K_W}{C_{H_3O^+}}$$

$$C_{H_3O^+} = C_0(1 - \tau)\left(\frac{V_0}{V_0 + \nu}\right) + \frac{K_W}{C_{H_3O^+}}$$

τ = Titrationsgrad
V_0 = Volumen der Vorlage
ν = zugesetztes Volumen Maßlösung

Wenn die Meßlösung 100fach konzentrierter ist als die vorgelegte Probe, kann die Volumenkorrektur vernachlässigt werden:

$$C_{H_3O^+} = C_0(1-\tau) + \frac{K_W}{C_{H_3O^+}}$$

$$C_{H_3O^+} = \frac{C_0(1-\tau)}{2} + \sqrt{\frac{C_0^2(1-\tau)^2}{4} + K_W}$$

$$\tau = 1 \; C_{H_3O^+} = \sqrt{K_W} \text{ Äquivalenz.}$$

Der Beitrag aus der Autoprotolyse des Wassers (K_W) muß erst in der Nähe des Äquivalenzpunktes berücksichtigt werden, um so eher, je verdünnter die zu titrierende Lösung ist.

$$\frac{C_0^2(1-\tau)^2}{4} \gg K_W \text{ z.B. } \frac{C_0^2(1-\tau)^2}{4} \geq 100\,K_W$$

also $C_0(1 - \tau) > 2 \cdot 10^{-6}$ erlaubt die vereinfachte Beschreibung durch $C_{H_3O^+} = C_0(1 - \tau)$ bei $C_0 = 10^{-2}$ bis $\tau = 0{,}9999$, aber bei $C_0 = 10^{-4}$ nur bis $\tau = 0{,}99$.

Vor dem Äquivalenzpunkt folgt $p_H = -\lg C_0 - \lg(1 - \tau)$ und danach $p_H = p_{K_W} + \lg C_0 + \lg(\tau - 1)$.

Völlig analoge Formeln ergeben sich für die isovalente Fällungstitration, wobei an die Stelle der Autoprotolysekonstante des Lösungsmittels das Löslichkeitsprodukt tritt.

Für die anderen Titrationstypen sind die Herleitungen ähnlich, wenn auch etwas komplizierter. Das Ergebnis wird abgebildet (Abb. 1).

Die starke Säure-, Base-, Fällungs-, Redox- und Komplextitrationen haben einen lediglich durch die Konzentration des Beginns gegebenen einheitlichen Verlauf, der als negativer dekadischer Logarithmus abgebildeten Konzentration des bei der Titration verbrauchten Ions. Bei der schwachen Säure dagegen tritt bei halbem Umsatz ein Wendepunkt auf, dessen Lage von der Ausgangskonzentration unabhängig ist. Nach Überschreiten des Äquivalenzpunktes werden die Verläufe bei schwacher Säure, starker Säure und Fällung gleich.

Um das deutlich zu machen, wurde im Beispiel das Löslichkeitsprodukt gleich der Autoprotolysekonstante des Wassers gewählt. Die Lage der Äquivalenzpunkte folgt als $\sqrt{K_L}$ bzw. $\sqrt{K_W}$ bzw. wird im Falle der schwachen Säure noch von K_S mitbestimmt.

Die Gleichgewichtskonstanten der Komplexbildung bzw. der Redoxreaktion bestimmen bei diesen Reaktionstypen den Verlauf nach dem Äquivalenzpunkt und natürlich diesen selbst ebenfalls. Über den Verteilungskoeffizienten α, der die Protonierung des komplexbildenden Liganden beschreibt, erkennen wir einen weiteren entscheidenden Einfluß, der über das p_H gestaltet werden kann.

Ähnlich ausgeprägt ist der Einfluß des p_H natürlich oft bei der Redoxtitration. Sie, verehrter Herr Prof. RIENÄCKER, haben das in Ihrer Dissertation am

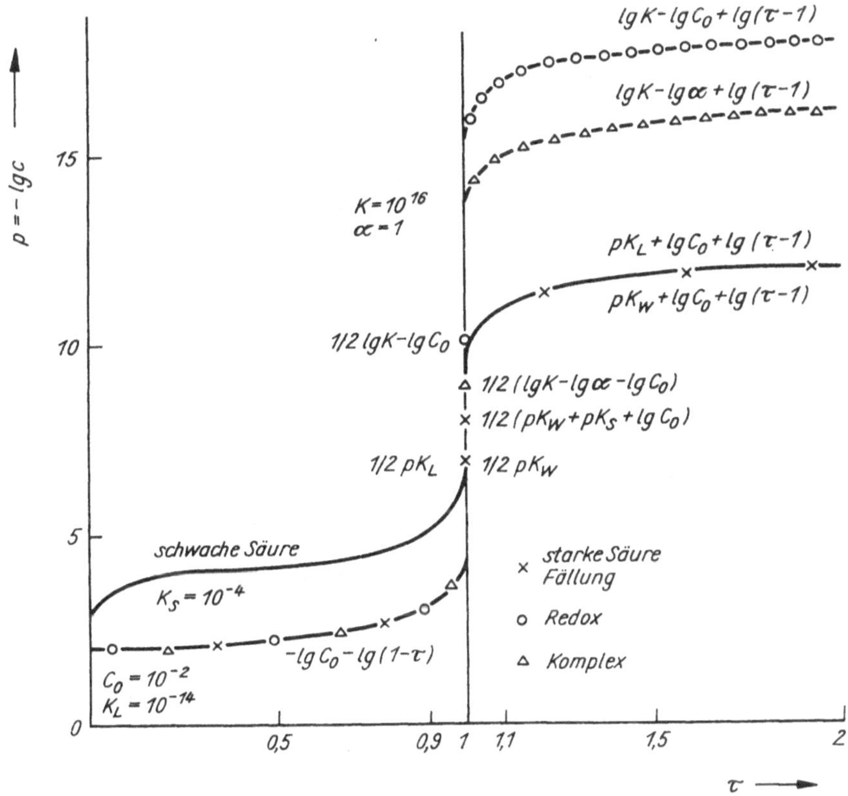

Abb. 1 Konzentrationsverlauf bei verschiedenen Titrationstypen

Beispiel des Cr(II), wo der Einfluß des p_H gering ist und am Beispiel des Ti(III), wo er groß ist, in aller Konsequenz erläutert.

In der Abbildung wurde eine Gleichgewichtskonstante von 10^{16} gewählt, um eine gute simultane Abbildung zu ermöglichen. In der Praxis sind die Werte günstigerweise meist viel größer.

Wenn wir hier den Konzentrationsverlauf bei den verschiedenen Titrationstypen betrachtet haben, dann ist es nun erforderlich, darauf hinzuweisen, daß bei der potentiometrischen Indikation die Kurvenzüge Säure-Base, Fällung und Komplex unverändert bleiben, während bei den Redoxtitrationen ein wesentlicher Wandel sichtbar wird.

Bei den zuerst genannten wird durch geeignete Indikatorelektroden ein Spannungswert als Signalintensität erhalten, der dem Log der Konzentration der bei der Titration verbrauchten oder zugesetzten Ionen linear proportional ist. Bei der Redoxtitration dagegen wird das Potential der Indikatorelektrode vom Quotienten der Konzentration eines korrespondierenden Redoxpaares bestimmt. Dadurch wird die potentiometrische Kurve der Redoxtitration der der schwachen Säure sehr ähnlich. Beide Titrationen können bei der potentiometrischen Indikation mathematisch analog behandelt werden. Deshalb faßt man sie auch oft unter dem Oberbegriff Umformungen zusammen und stellt sie den anderen, als Kombinationen bezeichneten, gegenüber.

Da die Größe der sprunghaften Konzentrationsänderung am Äquivalenzpunkt entscheidend für die Präzision einer Titration ist, seien die Aussagen aus den Ableitungen zusammengefaßt:

Ein großer Sprung resultiert bei der starken Säure für hohe Konzentrationen und kleine Autoprotolyse des Solvens. Bei der Fällung tritt an die Stelle der Autoprotolyse das Löslichkeitsprodukt. Für die schwache Säure ist Autoprotolyse, Konzentration und Säurekonstante bestimmend. Bei der Komplextitration müssen vor allem die Verteilungskoeffizienten über das p_H optimiert werden. Im Falle der Redoxtitration ist außer dem wechselnden p_H-Einfluß alles durch die Differenz der Standardpotentiale der Partner entschieden.

Für das Beispiel der Titration starke Säure mit starker Base soll die Konzentrationsabhängigkeit der Signalgröße gezeigt werden (Abb. 2). Zu diesem Zweck wurde für die Beispiele 10^{-2} M und 10^{-4} M der p_H-Verlauf des engen Ausschnittes der Titrationskurve von 99 bis 101% Umsatz mit allen Feinein-

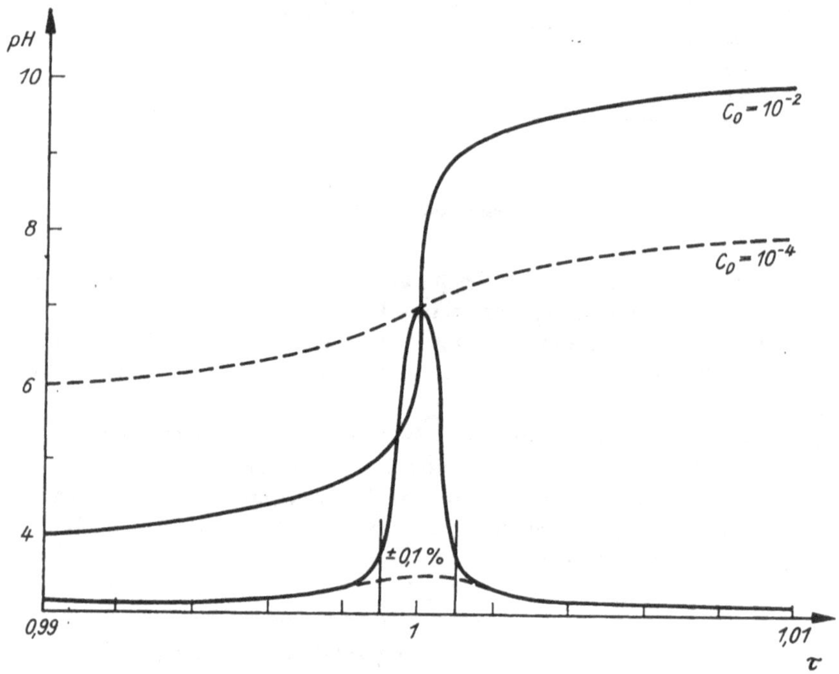

Abb. 2 p_H-Verlauf bei der Titration starker Säure verschiedner Konzentration dargestellt im engeren Intervall des Äquivalenzpunktes

flüssen berechnet. Der Sprung wird bei 10^{-4} M Säure schon recht schwer lokalisierbar, jedenfalls innerhalb der für eine hochpräzise Titration angestrebten Grenzen von $\pm 0{,}1\%$. Auch die mitabgebildeten Verläufe der 1. Abteilung helfen darüber nicht ganz hinweg, obwohl so generell eine Signalschärfung erreicht wird.

Der S-förmige Signalverlauf wird in der 1. Abteilung zu einem glockenförmigen. Geht man zur 2. Ableitung, dann erhält man einen Nulldurchgang, in der 3. Ableitung wieder einen glockenförmigen Verlauf (Bild 3). Beim Über-

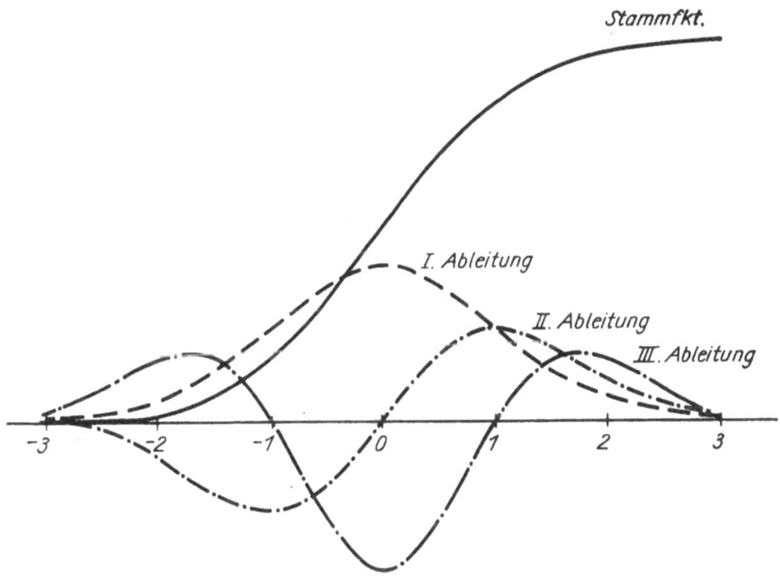

Abb. 3 S-Kurve sowie 1., 2. und 3. Ableitung

gang von Kurve I zu III erfolgt im Falle einer Lorentz-Funktion eine Verringerung der HWB auf $^1/_3$, im Falle der von uns als Modell benutzten Gauss-Funktion auf $^1/_2$. Diese Schärfung ist aber nach einem allgemeinen Gesetz der Meßtheorie mit quadratisch anwachsenden Intensitätsschwankungen verbunden. Also kommt man mit den derivierenden Titratoren an Grenzen. Hier liegt auch der Grund, weshalb sich die äquivalenzpunktsuchenden und selbst ausschaltenden Titratoren, die von der 2. Ableitung ausgehen, noch nicht durchgesetzt haben.

Die begrenzte Signalschärfe bedingt die Grenzen simultaner potentiometrischer Titrationen. Wir kennen die Möglichkeit, starke und schwache Säure nebeneinander zu titrieren. Zu 3 Komponenten kann man nur noch schwer übergehen. Das zur Verfügung stehende Potentialintervall ist zu klein. Günstiger als bei der so durch die Autoprotolyse des Wassers begrenzten Säure-Base-Titration liegen die Dinge bei Komplex- und Redoxtitrationen. Für

letztere haben Sie, hochverehrter Herr Prof. RIENÄCKER, ausgezeichnete Beispiele von Simultantitrationen beschrieben, nämlich:
Hg u. Bi mit Ti(III), Hg u. Cu, Au u. Cu, Ag u. Cu sowie Au, Cu, und Ag nebeneinander mit Cr(II).

Wir haben ausgehend von der Forschung der KOLDITZschen Schule die Bestimmbarkeit der Halogene nebeneinander betrachtet (Abb. 4). Die Titration von J^- und Cl^- nebeneinander mit $AgNO_3$ ist Lehrbuchbeispiel. Aus dem

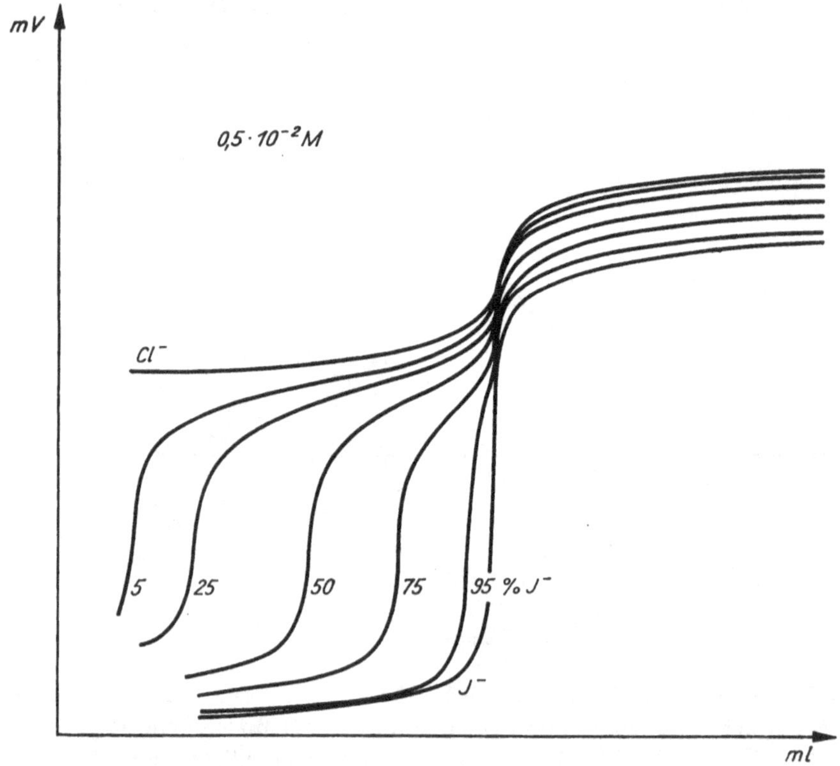

Abb. 4 Potentiometrisch indizierte Fällungstitration von Jodid und Chlorid nebeneinander mit $AgNO_3$ aus $0{,}5 \cdot 10^{-2}$ M Halogenidlösung

Nichterreichen des theoretischen 1. Äquivalenzpunktes folgt ein systematischer negativer Fehler für das zuerst ausfallende Jodid. Man kann ihn vermeiden, indem man die aus den Löslichkeitsprodukten ableitbare optimale Konzentration des Chlorids einhält. Für den Zufallsfehler besagt die Meßtheorie, daß er beim Verhältnis 1/1 am kleinsten wird. Die abgebildeten Kurven zeigen, wie unscharf in Wirklichkeit der Übergang wegen der Mitfällung ist. Zwar läßt sich die Krümmung durch Zusätze von Salz und Solvens verringern, aber die Grenzen der möglichen Mischungsverhältnisse und Präzisionen sind unübersehbar.

Andere Methoden führen hier wesentlich weiter, z. B. die chemiluminiszent angeregte Emission von Indiumhalogenidmolekülen aus kalten Flammen

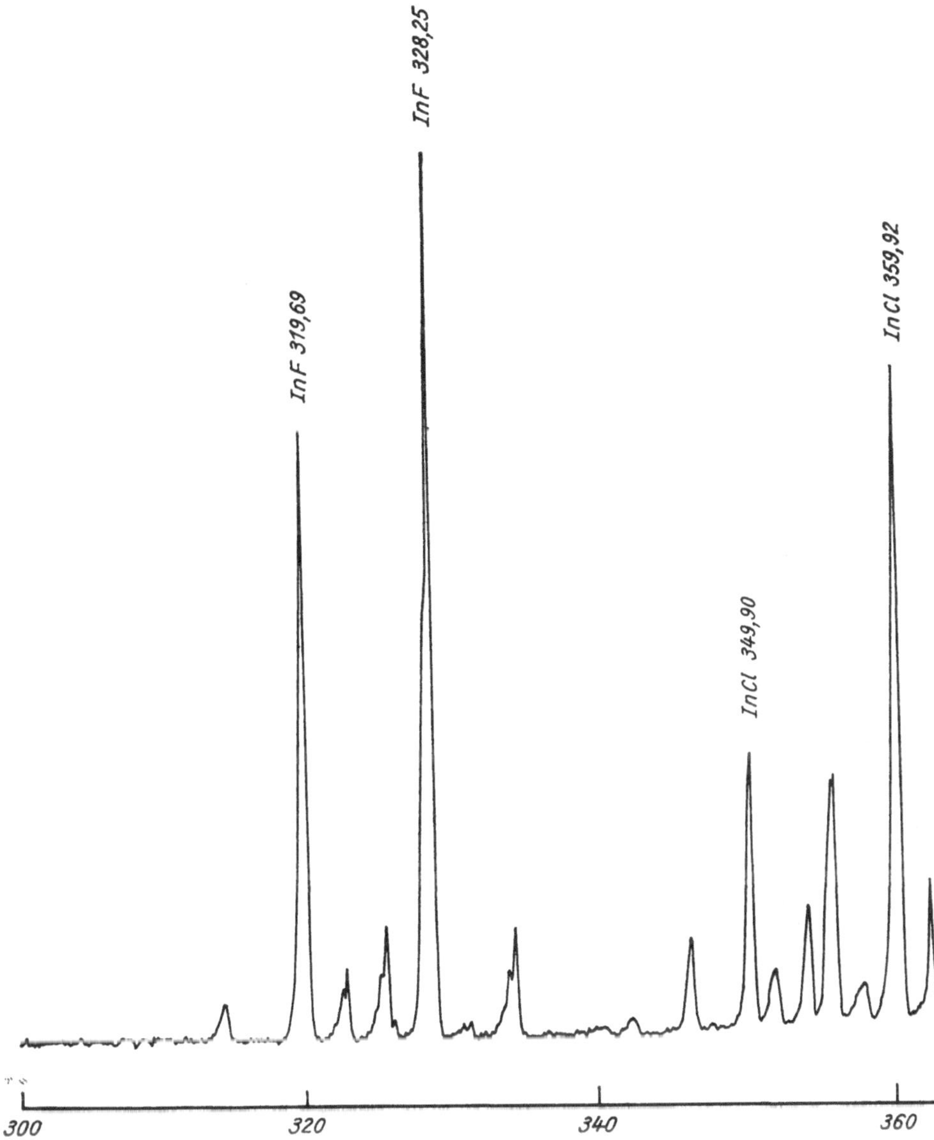

Abb. 5a

(Abb. 5) oder auch von Kupferhalogenid. Es werden gute Nachweisgrenzen erreicht (Tab. 1) vor allem aber simultane Bestimmungen bei Grenzverhältnissen 600 bis 50000 (Tab. 2). Doch zurück zur Potentiometrie.

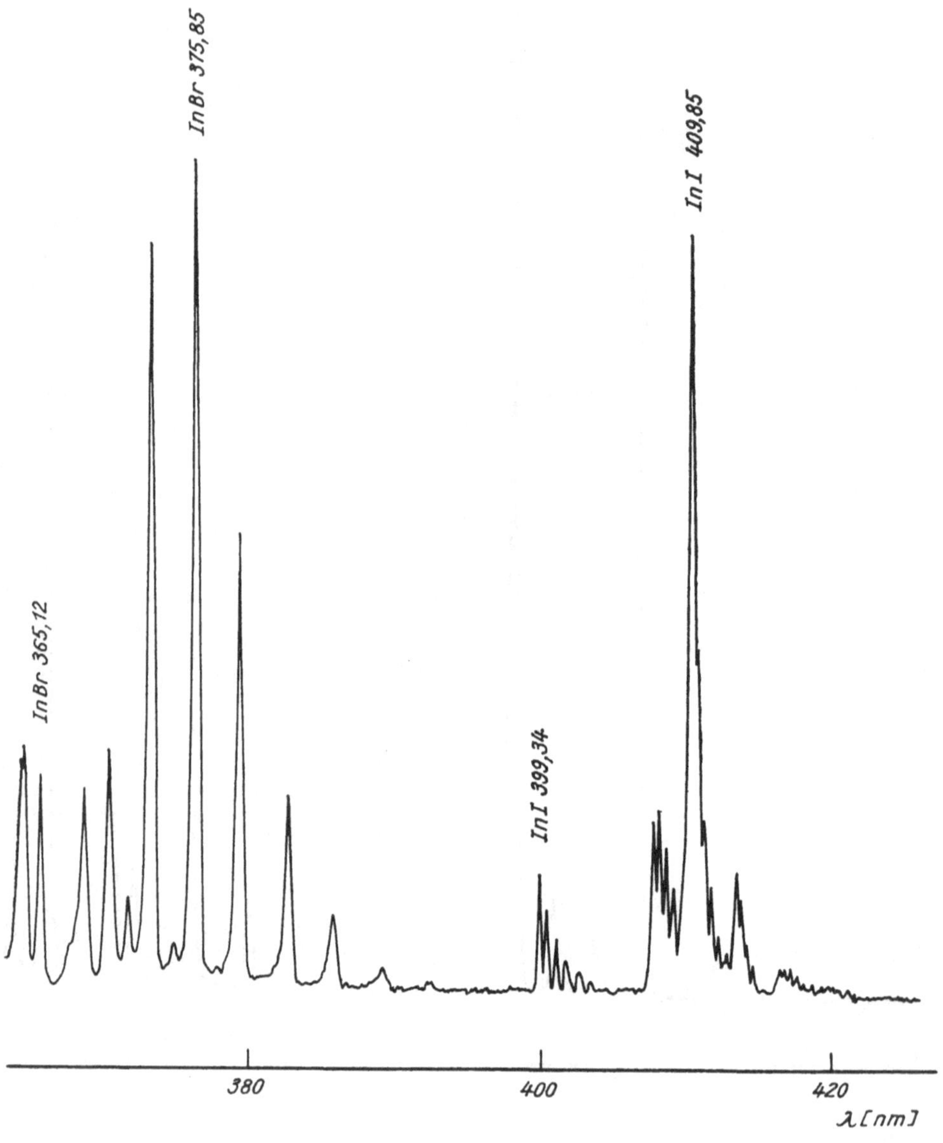

Abb. 5b

Abb. 5 Emissionsbanden von InF, InCl, InBr und InJ aus H_2-N_2-Diffussionsflammen

Tabelle 1 Nachweisgrenzen in M/l

	CuX	InX
F^-	$5 \cdot 10^{-1}$	$4 \cdot 10^{-5}$
Cl^-	$2 \cdot 10^{-4}$	$1 \cdot 10^{-4}$
Br^-	$4 \cdot 10^{-5}$	$5 \cdot 10^{-5}$
J^-	$2 \cdot 10^{-5}$	$3 \cdot 10^{-5}$

Tabelle 2 Bestimmung von Halogen bei großen Überschuß anderer Halogene durch Indiumhalogenidemission

Bestimmung	Störung	Überschuß
F^-	HBr	800
	HCl	800
Cl^-	HBr	600
Br^-	HCl	50000
	HJ	2000
J^-	HCl	35000
	HBr	2000

Nicht auf die ionensensitiven Elektroden soll hier eingegangen werden, noch auf die vielen kommerziellen automatischen Geräte, sondern auf typische Entwicklungen bei der Auswertung.

Gran [5] führte, ausgehend von den Basisgleichungen der jeweils betrachteten Titrationsreaktionen, Formeln zur Linearisierung der vorliegenden S-förmigen potentiometrischen Kurvenzüge ein, z. B. starke Säure vor dem Äquivalenzpunkt $(V_0 + V)\ 10^{K - p_H}$ und nach dem Äquivalenzpunkt $(V_0 + V)\ 10^{p_H - K}$, schwache Säure vor dem Äquivalenzpunkt $V \cdot 10^{K - p_H}$ und danach wie

Tabelle 3 Beispiel für eine Linearisierung nach Gran. $V_0 = 100$; $K = 4$

V [ml]	p_H	10^{K-p_H}	$10^{K-p_H} \frac{V_0 + v}{V_0}$
0	2,00	100	100
2	2,105	78,5	80
4	2,24	57,5	60
6	2,425	37,5	40
8	2,73	18,5	20
10	7,00	0,001	0,0011

bei der starken Säure, Redoxtitration $n_B A_{ox} + n_A B_{red} = n_B A_{red} + n_A B_{ox}$ vor dem Äquivalenzpunkt $V \cdot 10^{17n} A^{(E-K)}$ und nach dem Äquivalenzpunkt $10^{17n} B^{(K-E)}$ usw. Tabelle 3 zeigt ein Umrechnungsbeispiel für die Titration starker Säure. Dadurch werden der Konduktometrie analoge Verläufe erhalten. Der Äquivalenzpunkt ist aus wenigen Meßpunkten extrapolierbar. Die zur Auftragung gewählte Größe sinkt bis auf Null und steigt danach wieder.

Mit Hilfe dieser geradlinigen Beziehungen kann aus jeder bei einer Titration erhaltenen Meßwertabfolge auch bei den kleineren Potentialsprüngen auf den Äquivalenzpunkt extrapoliert werden. Bei sehr schwachen Säuren (K_S 10^{-7} bis 10^{-10}) muß allerdings der rechnerische Ansatz erweitert werden. Dadurch wurde ein vorher unzugängliches Gebiet der titrimetrischen Analyse erschlossen. Ausgehend hiervon entwickelte Liteanu [6] ein Verfahren zur Errechnung des Äquivalenzpunktes, bei dem die beiden Kurvenäste nach der Methode der kleinsten Fehlerquadrate ermittelt werden und vorhandene Unsymmetrien Berücksichtigung finden.

Hahn [7] machte 1969 folgenden Vorschlag: Wird an irgendeinem Punkt V_0 der Titration einer starken Säure mit einer starken Base durch Zusatz von V_1 des p_H um 0,3010 erhöht, also die Konzentration $c_{H_3O^+}$ halbiert, dann folgt aus $V_0 + 2\ V_1$ das Äquivalenzvolumen. Das Beispiel kann auch auf die anderen Reaktionstypen übertragen werden. Voraussetzungen sind jedoch stets einmal die Kenntnis der Elektrodencharakteristik im vorliegenden System, da von ihr das Potentialäquivalent von P_C entscheidend abhängt und zum anderen eine sehr präzise Potentialmessung.

Kürzlich zeigte Deschacht [8] allgemein und belegte die hohe Präzision experimentell am Beispiel der Titration von Fe(II) mit Ce(IV): Durch Messung der Potentiale nach 3 Reagenzzusätzen und Verknüpfung der 3 Nernstschen Gleichungen wird die unbekannte Konzentration X sofort erhalten. Allerdings ist zur Auflösung nach einem Iterationsverfahren ein programmierbarer Kleinrechner erforderlich. Jedoch liegt der Vorteil darin, daß man weder das reale E_0 noch den Nernstschen Faktor kennen muß, die ja in Abhängigkeit von Elektrode und anderen Bedingungen von ihren idealen Werten abweichen können.

Nahm man am Anfang der Potentiometrie möglichst dichte Punktfolgen auf, registrierte man später den ganzen Kurvenverlauf kontinuierlich, so scheint die Tendenz heute die Beschränkung auf wenige Punkte zu sein. Die Autobürette wird vielleicht überflüssig, der Rechner aber unentbehrlich.

Wohin jedoch immer der Fortschritt uns führen mag, chemische Forschung wird stets verbunden bleiben mit einem Prinzip, um dessen Erhaltung nicht genug gekämpft werden kann. Es sei mit einem Zitat aus der Dissertation des Jubilars verdeutlicht: „Zur Herstellung der Silberlösung wurde von reinstem Silber ausgegangen, das wie folgt erhalten worden war:

Reines Feinsilber der Deutschen Gold- und Silberscheideanstalt wurde in reiner Salpetersäure gelöst, das entstandene Silbernitrat einige Male unter Anwendung einer Platintrichterzentrifuge umkristallisiert und mit Ammoniumformiat wieder zu Metall reduziert. Dieses wurde vor dem Gebläse auf Kalkunterlage zu größeren Stücken zusammengeschmolzen und der Elektrolyse unterworfen. Aus den katodisch abgeschiedenen Silberkristallen wurden nach dem Auswaschen im Wasserstrom im Schiffchen aus reinstem Kalk Reguli verschiedener Größe erschmolzen. Die mit verdünnter HNO_3 angeätzten, gewaschenen und gut getrockneten Reguli dienten zur Einwaage."

Literatur

[1] F. SZABADVÁRY: Geschichte der Analytischen Chemie, Akaêmiai Kiadó, Budapest 1966.

[2] G. RIENÄCKER, u. H. G. JERSCHKEWITZ in: Neuere maßanalytische Methoden, Ferdinand Enke Verlag, Stuttgart 1956.

[3] D. MARQUARDT: Untersuchung der Flammenemission von Metallhalogeniden und deren Nutzung zur Analytik der Halogene, Dissertation, Humboldt-Universität, Berlin 1979.

[4] G. HENRION, D. MARQUARDT u. B. STÖCKER: Z. phys. Chem., **260** (1979) 1053.

[5] G. GRAN: Analyst, **77** (1952) 661.

[6] C. LITEANU u. D. CÖRMÖS: Talanta, **7** (1960) 31.

[7] F. L. HAHN: Z. anal. Chem., **244** (1969) 229.

[8] W. DESCHACHT: Analyst, **103** (1978) 994.

FSC
www.fsc.org
MIX
Papier | Fördert gute Waldnutzung
FSC® C083411

Zeitfracht Medien GmbH
Ferdinand-Jühlke-Straße 7
99095 Erfurt, Deutschland
produktsicherheit@kolibri360.de